原来城市里有这么多野生动物！

森林篇

在家门口探索大自然，观察身边的93种野生动物！

[日]儿童俱乐部 编　周颖琪 译

天津出版传媒集团
天津科学技术出版社

著作权合同登记号：图字 02-2022-277

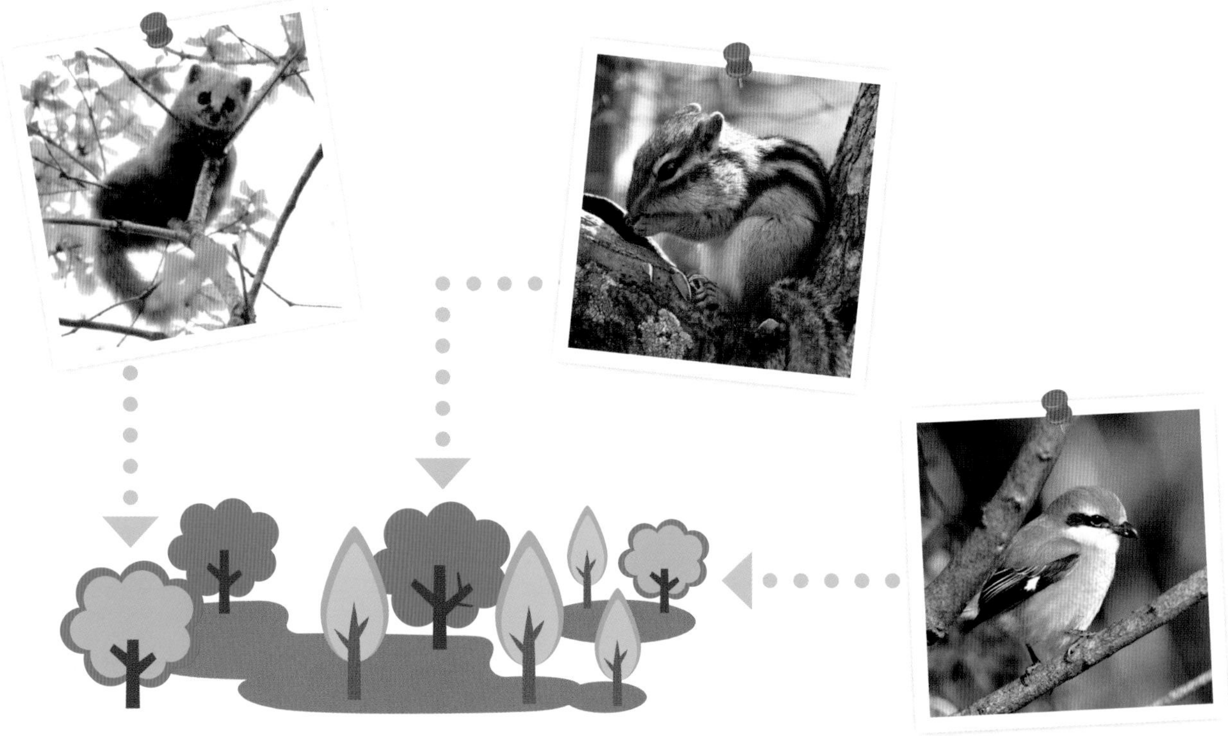

前言

在一所幼儿园门前的路面上，有人用油漆画出了脚印的图案，请看右边第一张照片。

“这是什么呀？”

“是小猫的脚印。”

“小猫回家去了吗？”

“你看，脚趾朝着这边，小猫是出门去啦！”

可想而知，幼儿园的老师和孩子们之间一定会发生这样的对话。

再来看看右边第二张照片，这又是什么动物的脚印呢？

这不是小猫的脚印，而是某种野生动物的脚印。照片的拍摄地点是小路边的水沟旁。

其实，大城市里也生活着各种各样的野生动物。只不过，它们一般不会在人来人往的区域露面，而且大部分只在夜里活动，就更不常见了。但就像照片里所显示的那样，我们经常能找到野生动物留下的痕迹。

《原来城市里有这么多野生动物！》系列图书，就是要带领大家去发现野生动物的脚印、吃剩的东西和粪便等各种痕迹，并解开“这到底是谁留下的”这个谜题。本系列图书一共分为以下三册：

❶ 街道篇　❷ 森林篇　❸ 水边篇

“丢三落四的冒失鬼，到底是谁呀？”“它长什么样子呀？”光是想一想这些问题，就让人觉得很激动呢！

来，和我们一起寻找“失物”和“失主”吧！

（※这套书里所说的“失物”，除了脚印、吃剩的东西和粪便，还可以指巢、蛋等所有生物存在过的证据。）

目录

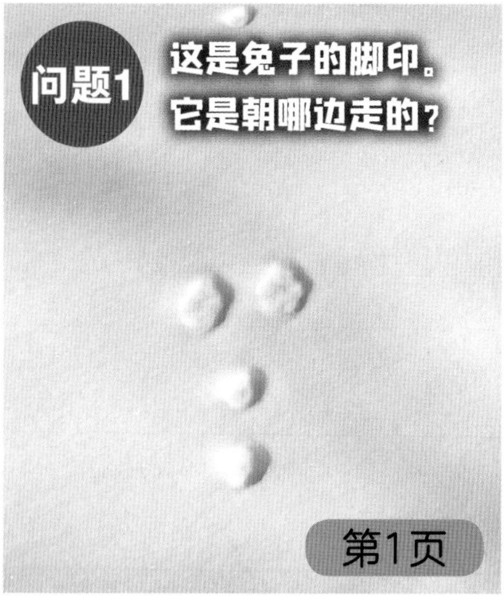
问题1
这是兔子的脚印。
它是朝哪边走的？
第1页

问题2
这是松鼠吃完东西
留下的“失物”。
它吃的是什么？
第5页

问题3
这是什么？
第9页

问题4
这是野猪的“失物”。
它在这里做了什么？
第13页

问题5
树上的“失物”
是谁的？
第17页

问题6
这是什么？
第21页

森林里的动物情报

问题1

这是兔子的脚印。它是朝哪边走的？

① 从远处走近

② 从近处走远

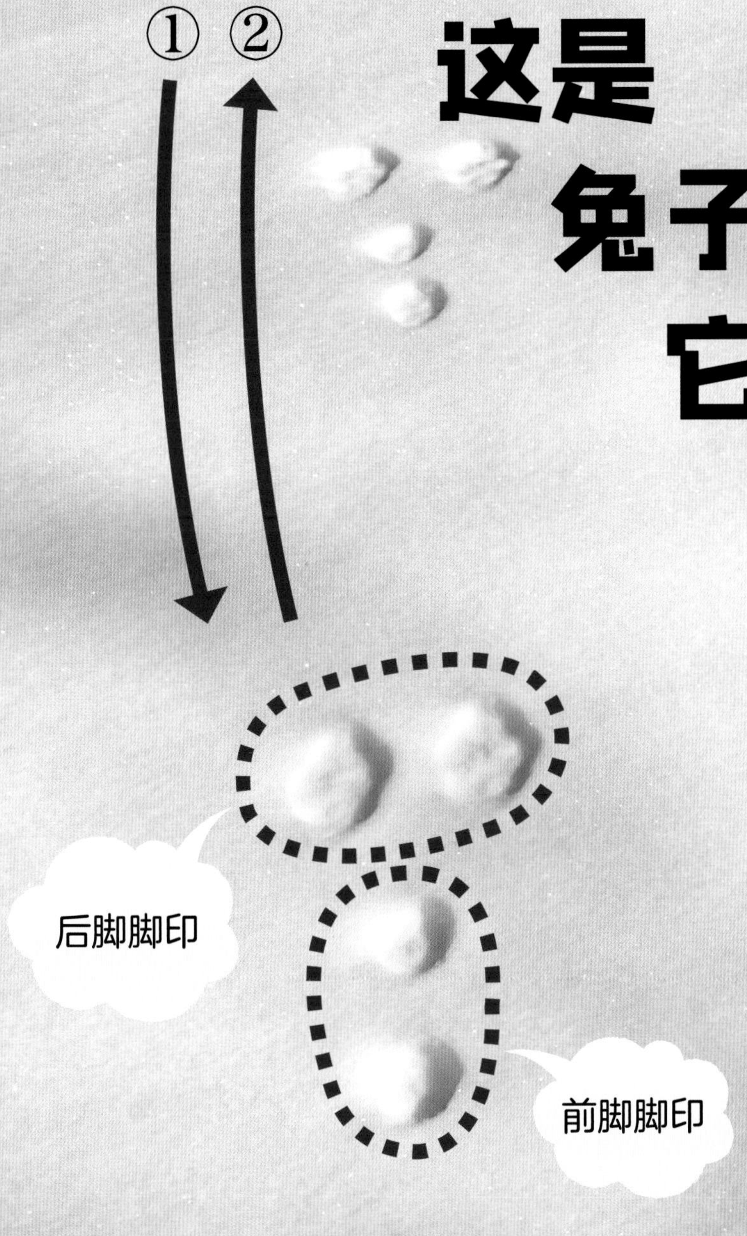

答案②从近处走远

后脚在前脚前面

兔子走路和跑步的时候，后脚的落脚点比前脚的落脚点还要靠前（请看图①）。所以，后脚脚印所朝的方向，才是兔子前进的方向（请看图②）。在滑雪场等人来人往的场所附近，经常能见到兔子的脚印。

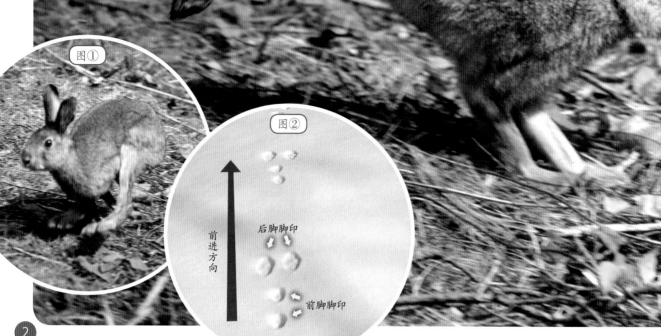

图①

图②

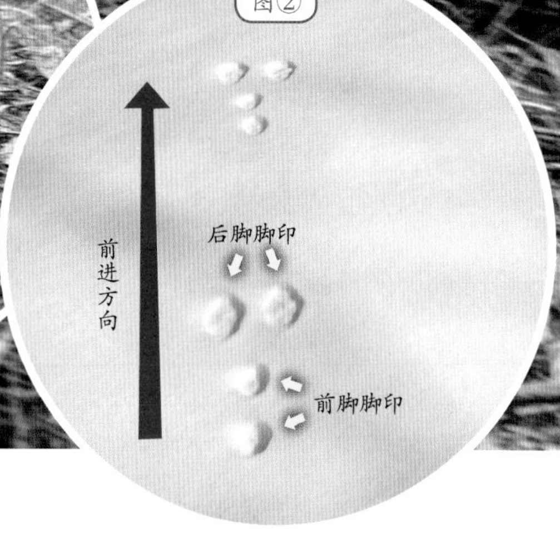

兔子进食的痕迹

兔子主要吃草，它牙齿锋利，所以啃过的草的切口都很整齐。兔子吃草还有另一个特点，那就是它会从草的根部开始啃。

兔子的前脚不能抓握东西，所以它会直接用嘴把草啃断

被兔子啃过的草，切口是这样的

比比看！鹿和鬣羚吃东西的痕迹

鹿和鬣羚（可以翻到第16页）也吃草，但和兔子不一样，它们啃出来的切口边缘是锯齿状的。这是因为鹿和鬣羚只在下颌有门牙。它们用上颌坚硬的牙龈和下颌的门牙把草叶夹住，边撕边吃，啃出来的缺口就呈现出锯齿状。

鹿啃食草叶的痕迹

兔子的粪便

兔子的粪便圆滚滚的，一次排很多粒。除了这种圆形的粪便，兔子有时还会排出黏糊糊的黑色粪便。这种黑色粪便里富含很多无法直接从植物里获取的养分，所以兔子会吃掉它们。

粪便里含有很多吃剩的草等纤维

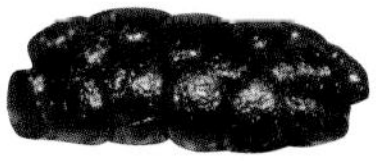

黑色粪便

兔子小档案

分类 哺乳动物　**食物** 草、树芽、树皮等

居住地 草原或森林　**习性** 夜行性为主

※生活在森林里的兔子是野兔。上一页图片里的就是野兔。

从脚印联想到的

通过脚印，我们可以推测出是什么动物做了什么。仔细观察下面的图片，回答问题。

问题 1 这是兔子的脚印。观察红色虚线圈出来的地方，猜猜兔子在做什么？

问题 2 图中有两串脚印，分别是兔子的和狐狸的。它们是在同一时间内从这里经过的，这个说法正确吗？

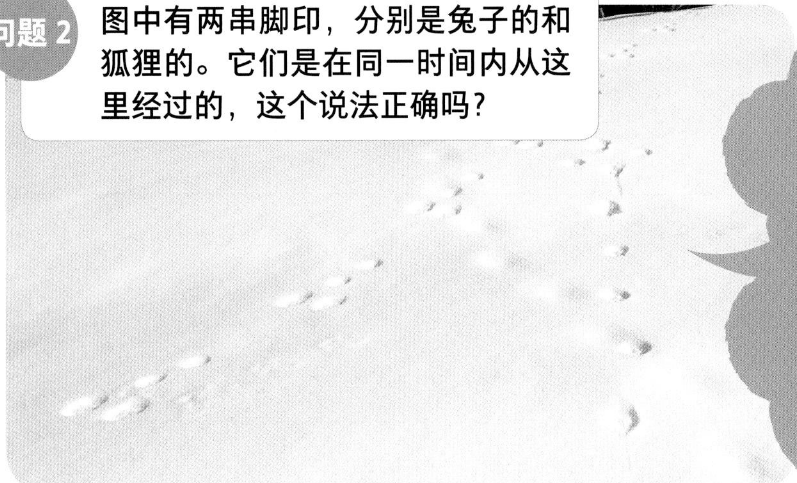

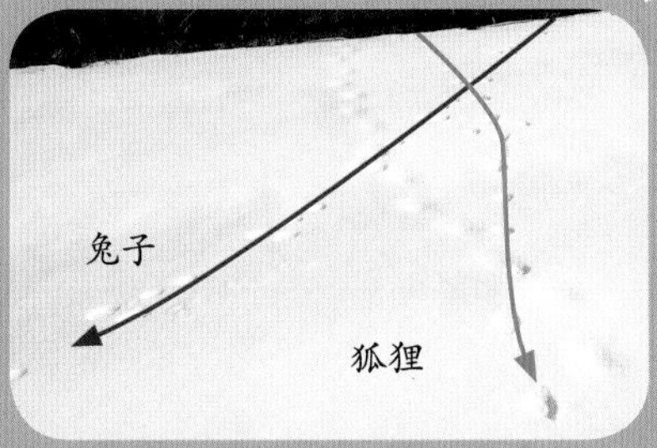

红线是兔子的脚印。蓝线是狐狸的脚印。狐狸有时候会抓兔子吃。

答案

1 兔子在这里刨雪找东西吃。兔子有时候会吃树皮。

2 这种说法不正确。如果它们同时经过这里，兔子看到狐狸肯定会逃跑，所以我们可以推断，它们是在不同的时间经过这里的。

问题2

这是松鼠吃完东西留下的“失物”。它吃的是什么？

① 松果

② 毛栗

③ 核桃

答案①松果

松鼠爱挑种子吃

松鼠在吃松果的时候，会先用牙齿把伞形的“鳞片”剥掉，然后吃里面的松子。松果的鳞片全部被剥掉，只剩下里面的芯时，看起来简直就像“森林里的炸虾”！冬天，在橡子等食物比较少的地方，就会经常出现这样的“炸虾”。

松果上面布满鳞片，种子就藏在鳞片之间的夹层里

比比看！日本小鼯鼠的“炸虾”

日本小鼯鼠是一种夜行性动物，和我们常见的松鼠是亲戚。它的体形比松鼠小，所以它更喜欢吃比松果小的杉木球果。日本小鼯鼠吃剩的杉木球果也像“炸虾”一样。

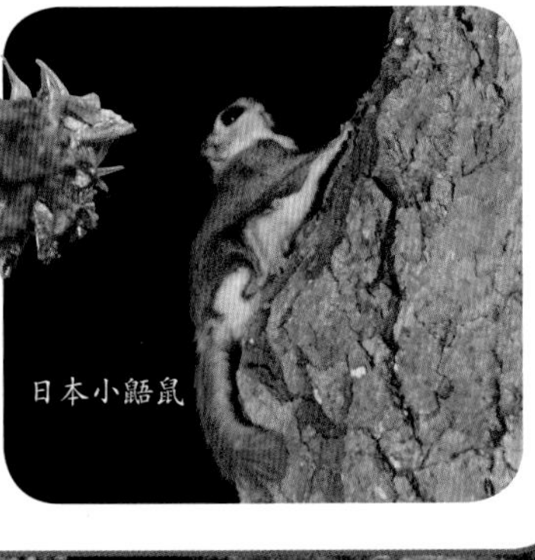

日本小鼯鼠吃剩的杉木球果

松鼠的“脚爪印章”

约为实物大小的3/4

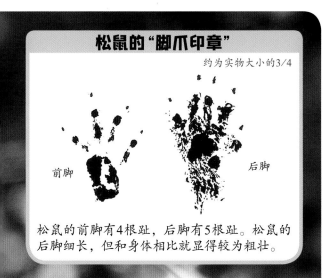

松鼠的前脚有4根趾，后脚有5根趾。松鼠的后脚细长，但和身体相比就显得较为粗壮。

松鼠小档案

分类 哺乳动物 **食物** 松树等植物的种子、树芽和果实 **居住地** 森林 **习性** 昼行性

松鼠的窝

松鼠会收集树枝，在树上搭窝。它们的窝通常有一个足球那么大。有时，松鼠也会利用树干上现成的洞穴。松鼠的窝内铺满了柔软的树皮和苔藓，非常舒服。

松鼠用树枝搭成的窝

松鼠的脚印

松鼠主要生活在树上，但有时也会下地走动。它的脚印和兔子一样，后脚的落脚点比前脚的落脚点靠前。冬天，我们经常能在雪地上发现松鼠的脚印。

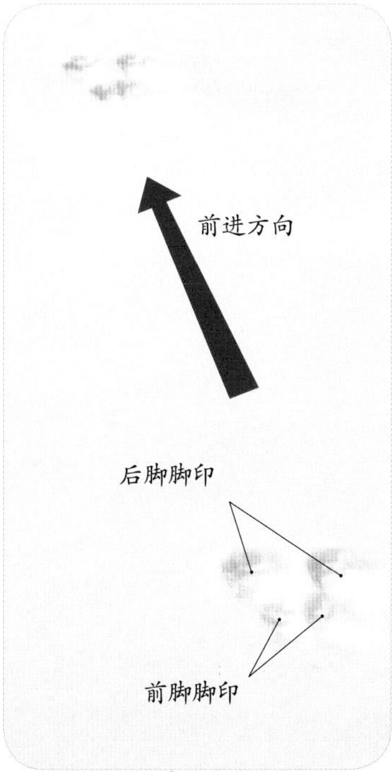

雪地里松鼠的脚印

各种各样的进食痕迹

松鼠和它的鼠类亲戚在吃完不同的食物后，也会留下不同的痕迹，一起来看看吧！

老鼠

老鼠吃核桃、栗子等有硬壳的东西时，会先用尖锐的牙齿啃出一个洞，然后把前爪伸进去，掏出里面的果实吃。

老鼠啃过的核桃

老鼠啃过的栗子

松鼠

松鼠的体形比老鼠的大，牙齿也更大。它能把牙齿插进核桃壳的缝儿，把核桃撬成两半，然后吃里面的果实。

松鼠吃过的核桃

日本小鼯鼠和白颊鼯鼠

日本小鼯鼠和东亚地区常见的白颊鼯鼠会把叶子对折起来吃，所以它们吃剩的叶子是U字形的，或者中间有一个圆圆的洞。

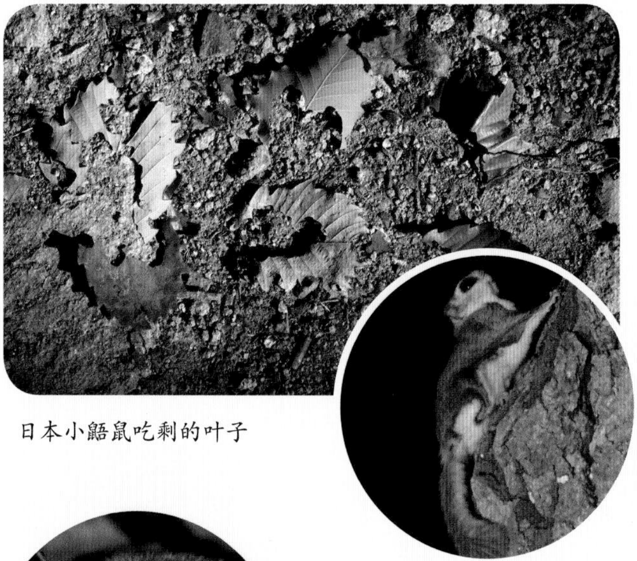

日本小鼯鼠吃剩的叶子

白颊鼯鼠吃剩的叶子，中间有一个圆圆的洞

问题3

这是什么？

① 鸡蛋　② 粪便　③ 茧

答案② 粪便

狐狸的粪便像小石块一样

狐狸的粪便颜色发白，形状像小石块，这是因为它吃了很多小动物，粪便里含有大量骨骼中的钙质。但有时候，狐狸也会吃木通等植物的果实。狐狸每次吃的东西不同，排出的粪便的颜色也不同，不一定都是白色的，偶尔还会夹杂着动物的毛发和虫子的残骸。

! 狐狸的粪便里可能含有能使人感染棘球蚴病的寄生虫，所以千万不要用手去摸粪便。

这坨狐狸粪便里有很多兔子毛

专挑显眼的地方排便

狐狸排便的时候，习惯挑选高处、空地等显眼的地方。这是为了告诉其他狐狸自己来过，宣告这里是自己的地盘。貂也有这样的习惯。

故意排泄在显眼处的狐狸粪便

狐狸小档案

分类 哺乳动物 **食物** 小型哺乳动物、鸟、昆虫和果实等 **居住地** 森林、靠近森林的原野等 **习性** 夜行性为主

狐狸的脚印

狐狸的脚印和狗的脚印很像，不过，狐狸的后脚会踩着前脚的脚印前进。所以，狐狸的脚印几乎是一条直线。雪地上和潮湿的泥地里都可以发现狐狸的脚印。

雪地上的狐狸脚印

狐狸捕食鸟类留下的痕迹

如果你发现地上有一堆散落的羽毛，那可能是狐狸捕食鸟类后留下的痕迹（也有可能是貂干的）。狐狸和貂会在啃咬鸟的同时，把鸟的羽毛揪下来，在羽轴上留下锯齿状的啃咬痕迹。鹰之类的猛禽也会捕食其他鸟类，但它们会用喙拔出猎物的羽毛，不会在羽轴上留下啃咬痕迹。

貂住在森林里，擅长爬树，经常吃鸟、鼠和树上的果实

地上全都是被鹰吃掉的鸟的羽毛

狐狸捕食鸟类后留下的痕迹

巢穴的秘密

狐狸在土里打洞筑巢。獾也有打洞的习惯。一起来看看它们的巢穴有什么不同吧！

獾的巢穴

獾的前爪十分锋利，可以挖开泥土，在地下挖出长长的隧道和房间。獾会频繁地挖土，把土掏到洞外面，所以它的巢穴入口处堆着大量的土。

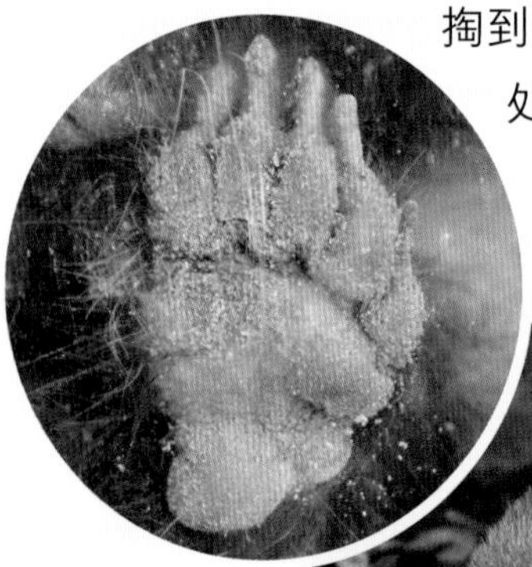

獾的前爪适合挖土

獾

狐狸的巢穴

狐狸巢穴的特点是入口处的土被踩得比较结实、平坦。狐狸不怎么扩建洞穴，所以不会频繁地往外抛土。最开始挖出来的土堆在入口处，渐渐就被踩平了。

不打洞的貉

貉不会打洞，通常利用其他动物留下的旧巢穴做窝。

獾挖出来的洞穴被貉占用

问题4

这是野猪的“失物”。它在这里做了什么？

① 在这里喝水

② 在这里觅食

③ 在这里洗泥浴

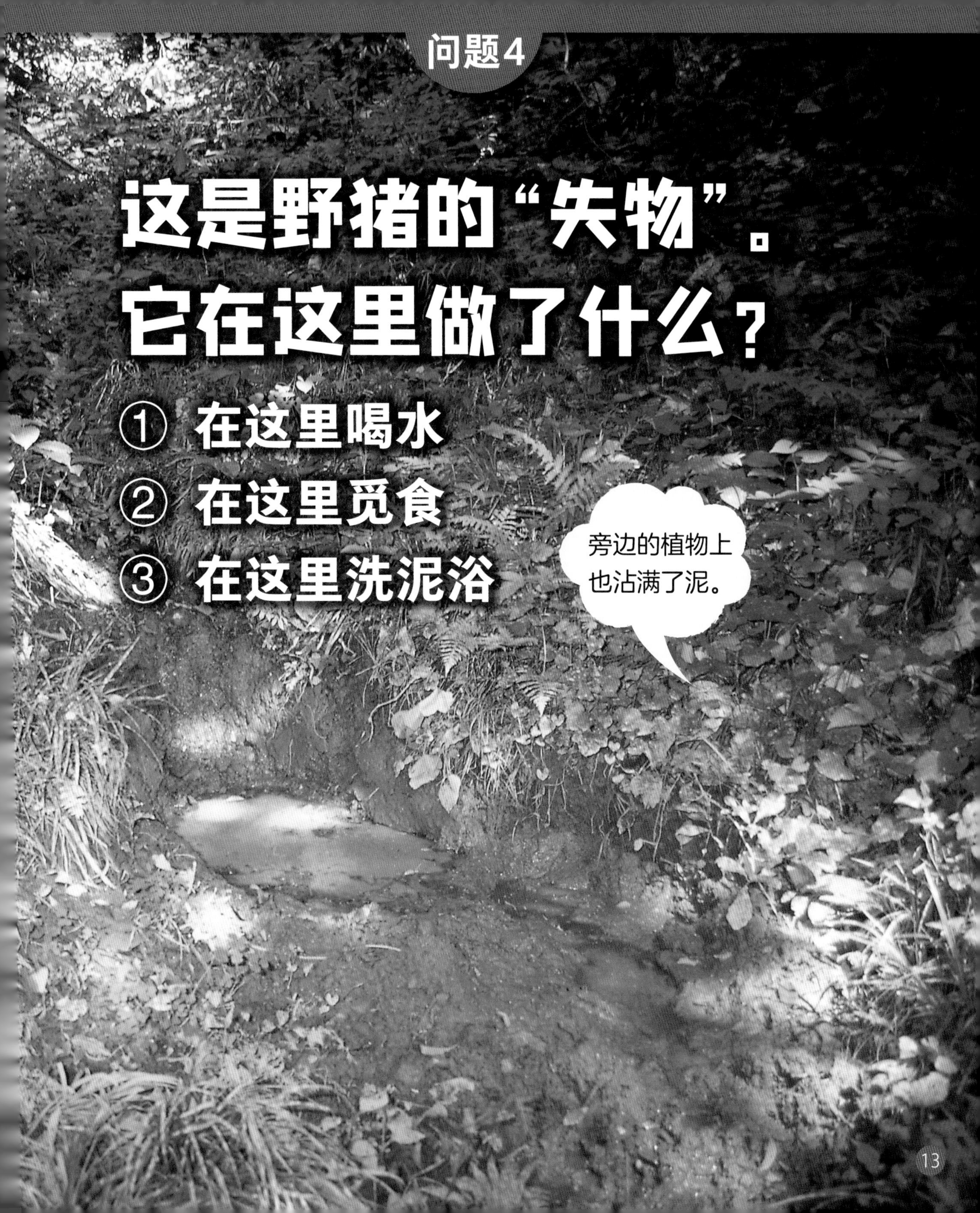

答案③在这里洗泥浴

泥浴能洗掉寄生虫

野猪有时会跳进泥坑里打滚儿，它这是在洗泥浴呢！野猪的这个行为可以洗掉身上的寄生虫，还可以让自己凉快一下。野猪洗泥浴的地方叫作泥浴场。鹿也会洗泥浴。

洗泥浴的野猪

野猪的“脚爪印章”

约为实物大小的1/3

前脚 后脚

野猪的蹄子是由爪子进化而来的。它的蹄子很结实，可以支撑庞大的身体。

野猪小档案

分类 哺乳动物 **食物** 果实、树根、竹笋、蚯蚓、金龟子的幼虫等 **居住地** 村庄附近的杂树林或深山 **习性** 昼行性为主

野猪刨土的痕迹

野猪用鼻子翻拱地面，在地下找植物的根或蚯蚓吃。它的这个行为会把一片地都翻得乱七八糟，有时还能翻起大块的石头。

野猪翻拱地面的痕迹

野猪的窝

野猪会用牙齿咬断芒草或竹子等植物，用它们做窝。在有蹄类动物里，会做窝的只有野猪。

野猪一家在芒草做成的窝里睡觉

有蹄类动物的“失物”

野猪、鹿和鬣羚都是有蹄类动物。一起来找找看这类动物的“失物”吧！

脚印

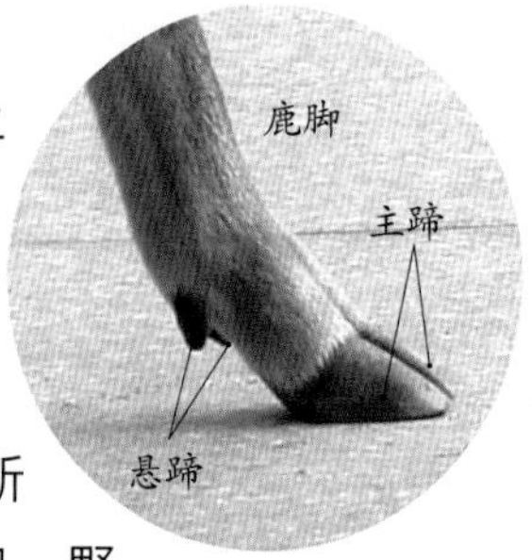

野猪、鹿和鬣羚的脚上都有一对叫作“主蹄”的蹄子，和另一对叫作“悬蹄”的蹄子。鹿和鬣羚走路的时候，悬蹄不着地，所以地面上只会留下两个蹄印。野猪走路的时候，悬蹄贴地很近，通常会在地面上留下四个蹄印。

鹿的脚印由两个蹄印组成

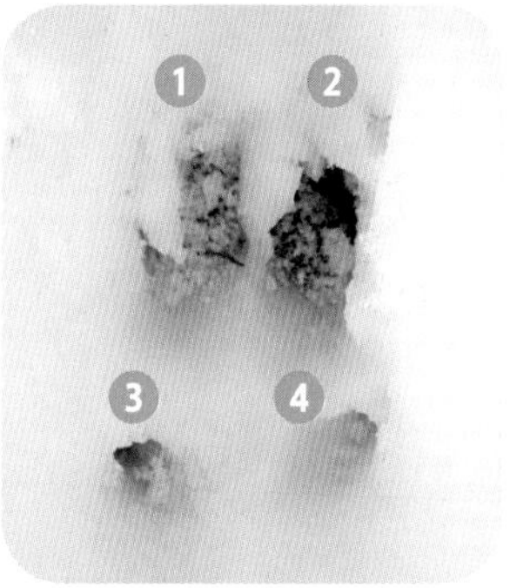

雪地上的野猪脚印，后面两个印子就是悬蹄留下的

梅花鹿

鬣羚

兽道上的“失物”

兽道是指动物们经常通行的地方，或是地面被踩结实了，或是草丛被分开了，总之是形成了一条路一样的痕迹。在野猪、鹿和鬣羚的兽道上，常常能发现毛发、脚印、粪便等“失物”。

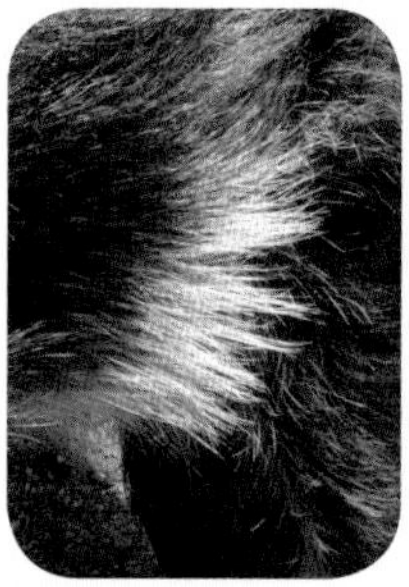

这是野猪的毛，很硬，总是分叉

这是鹿的毛，硬邦邦的

这是鬣羚的毛，很柔软

野猪的兽道

问题5

树上的“失物”是谁的？

① 猴子　② 熊　③ 鹰

答案 ② 熊

熊擅长爬树

熊的体形很大，却很擅长爬树。它爬到树上，用前爪把旁边的树枝折断，拉到身边，吃树枝上的果子。吃完果子后，熊顺手把树枝塞到屁股底下。慢慢地，树枝越来越多，堆在一起像一个巨大的鸟巢。这堆树枝被叫作“熊架子”*。

* 这里说的主要是亚洲黑熊。棕熊也会爬树吃果子，但不会弄出太大的“熊架子”。

❗ 如果你发现了熊的“失物”，说明熊可能就在不远处，赶紧离开这里吧！

熊会攻击人？

熊有时会吃鹿的尸体，但基本上不会主动捕食动物。只不过，有时熊在野外遇见人受到惊吓，熊为了保护自己，会做出一些攻击人的举动。在有熊出没的森林里散步时，最好在身上系个铃铛，走路的时候发出一些声音，让熊提前知道有人经过。

“熊铃”的声响能让熊知道有人经过

熊的小档案

分类 哺乳动物 **食物** 植物的叶、茎、果实、昆虫等 **居住地** 山里 **习性** 夜行性为主

※上面的图片是亚洲黑熊。亚洲黑熊的胸前有一块月牙形的白斑，所以又叫月亮熊。

熊的“脚爪印章”

约为实物大小的1/5

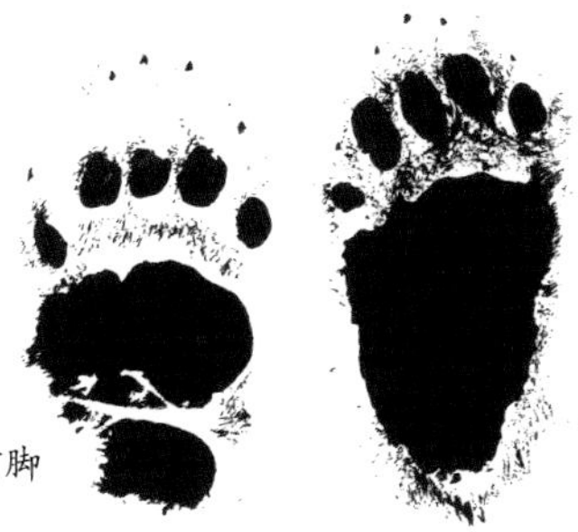

脚趾上面的黑点是爪子印。后脚掌比前脚掌大。

熊的脚印

熊的脚印比成年人的手掌还大，能清晰地看出5根脚趾。熊走路有点内八字（脚掌前部向内侧偏）。

熊走出森林，穿过马路，留下了这一串脚印

熊剥树皮

熊能用前脚和牙齿剥下大块的树皮。它这样做是为了吃树皮下面柔软的部分，并且向同类宣告这里是自己的地盘。

在森林里经常能看到熊剥树皮后留下的痕迹

熊的粪便

熊的粪便很大，有时长度超过20厘米。在有“熊架子”的树下面能经常见到。

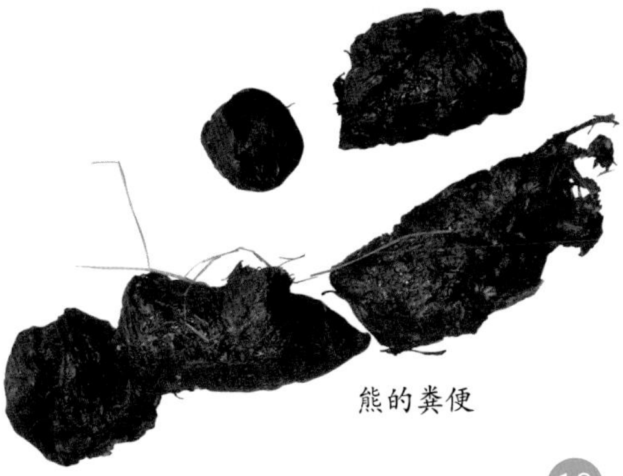

熊的粪便

冬眠的生物

为了熬过食物稀少的冬季，一些熊和松鼠会选择冬眠。

什么是冬眠

冬眠是指动物们在冬天降低体温、停止活动的行为。这样一来，它们就能减少能量的消耗，熬过食物稀少的冬天。等天气暖和了，冬眠的动物就会重新开始活动。

熊的冬眠

亚洲黑熊和棕熊都会冬眠。从春天到秋天，熊都没有固定的巢穴，但到了冬天，它就会钻进岩洞或者树根处的洞穴里，开始冬眠。冬眠期间，熊有时会起来翻个身或打个哈欠，然后接着睡。

棕熊

棕熊冬眠的洞穴

松鼠的冬眠

日本松鼠和欧亚红松鼠不会冬眠，但我国常见的花鼠会冬眠。花鼠会在地下挖一个近1米深的洞，缩成一团睡在里面。冬眠前，它会把坚果等食物搬运到洞里，冬眠期间时不时醒过来，吃点东西再接着睡。

花鼠

花鼠冬眠的洞穴，冬眠前会被花鼠用雪堵上

这是什么？

① 鹿的粪便　② 猴子的粪便

③ 猴子做的泥团子

答案 ② 猴子的粪便

毛毛虫形的粪便

猴子的粪便由几个粪球黏在一起组成，好像一条毛毛虫。猴子吃下各种各样的食物，排出的粪便里就会夹杂各种各样的东西，比如植物纤维、果实的种子、昆虫的残骸等。

猴子的粪便

猴子吃坚果的痕迹

猴子经常在树上吃东西，吃剩的东西就扔在树底下。看看下面这张图片，里面的树枝就是猴子吃槲寄生留下的痕迹。在不同的季节，猴子吃的东西也不同。

猴子的小便、大便和脱落的毛，就掉落在槲寄生的树枝旁边

猴子小档案

分类 哺乳动物　**食物** 树叶、坚果、水果、昆虫等　**居住地** 山里　**习性** 昼行性

猴子的“脚爪印章”

约为实物大小的1/5

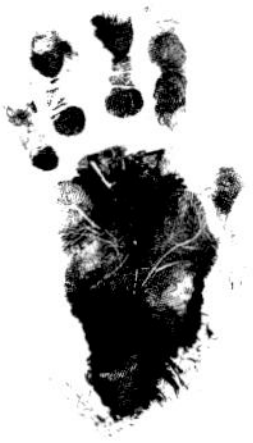
前脚

后脚

猴子的手脚和人类的一样，各有5根手指和脚趾。不过猴子后脚的拇指和人类的不一样，是往外伸的。

猴子的脚印

猴子的脚印形状，就像人的手掌形状一样。猴子喜欢集群生活，所以它们留下的脚印也会是一大片。

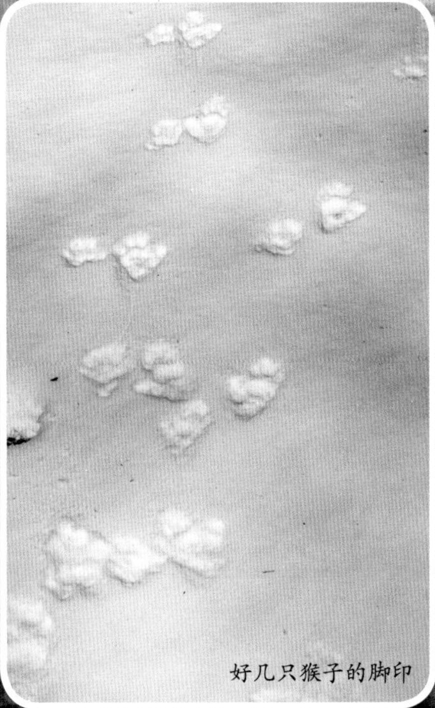
好几只猴子的脚印

森林里鸟的“失物”

除了哺乳动物，住在森林里的还有各种各样的鸟，一起来找找鸟的“失物”吧！

树干

啄木鸟会用喙在树干上啄出洞来筑巢。左图是啄木鸟中的一种——大斑啄木鸟。如果你发现树根处散落着大量木屑，抬头看看，说不定能发现啄木鸟的巢呢！

树干上有大斑啄木鸟筑的巢

大斑啄木鸟巢下面散落的木屑

树根附近

黑啄木鸟在树上啄出来的洞

黑啄木鸟的体形大小和乌鸦的差不多。它会在倒下的树或树桩上啄出一个大洞，捕食藏在里面的蚂蚁。

地面

松鸦翅膀上的一根羽毛落在了地上

树枝上

牛头伯劳把捉到的蝗虫插在树枝上

牛头伯劳的食物包括小虫子、蚯蚓和青蛙等。它喜欢把抓到的猎物插在树枝上，这种行为叫作“挂尸”。

地面

小太平鸟以槲寄生的种子为食，喜欢集群行动，所以在它们经过的树下，有时会发现很多混杂着槲寄生种子的粪便。

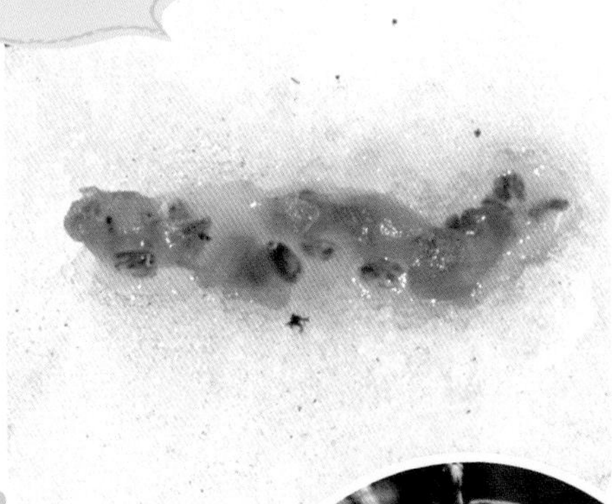

小太平鸟的粪便

小太平鸟正在排便

槲寄生会寄生在别的树上，从寄主身上获取营养。鸟排出夹杂着槲寄生种子的粪便，种子粘在树上就会发芽，开始寄生生活。

地面

铜长尾雉的尾羽

长尾林鸮的羽毛

寻找“失物”的注意事项

出门寻找动物们的“失物”时，有哪些注意事项呢？

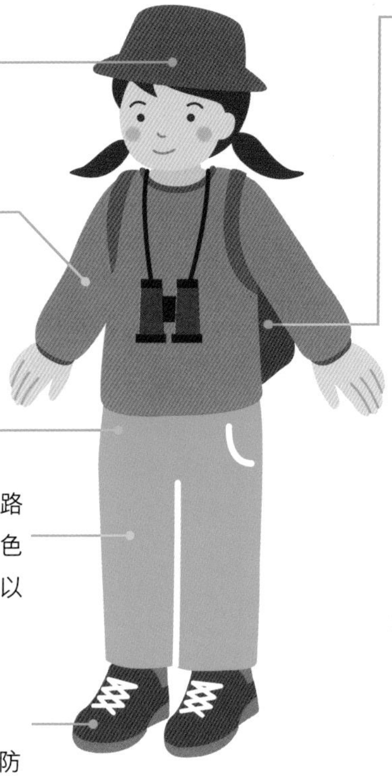

戴帽子

● 防晒，保护头部。

● 穿长袖上衣和长裤。

防止蚊虫叮咬，防止草叶划伤胳膊和腿。

● 衣服的颜色要显眼，注意不要穿黑色或黄色的衣服。

黑色的衣服比较招虫子，而且万一迷路了，混进周围的环境里不容易被发现。黄色的衣服虽然显眼，但是容易吸引蜜蜂，所以最好不要穿。

● 穿运动鞋或者登山鞋，不要穿新鞋。

如果要去潮湿的地方散步，也可以穿防滑的长靴。

● 把随身物品装在背包里。

这样空出两只手方便活动。

要带的东西

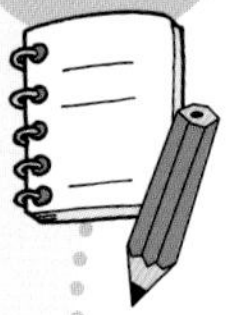

● 必备物品

- 文具
- 笔记本
- 水杯
- 创可贴等急救用品
- 蚊虫叮咬后涂抹的药膏
- 手套
- 糖之类的小零食，用来补充能量

● 推荐携带的物品

- 数码相机（用于拍照记录）
- 尺子（用于测量东西大小）
- 双筒望远镜（用于观察远处）

注意事项

● 不要独自出行

森林里和水边都有危险，一定要和大人同行。刚开始外出观察时，可以选择绿化比较好的公园、河堤等人群聚集的地方。

● 垃圾带回家再扔

食物的包装纸等外出途中产生的垃圾，一定要带回家再扔。如果扔在外面，不仅会污染环境，还可能被动物当成食物吃掉，这可能会造成动物的死亡。

● 不要打扰动物

如果你发现了“失物”的“失主”，不要随意追赶或抓捕它们。有些带着宝宝的动物家长可能会出现攻击性行为，或者因为受到惊吓，丢下自己的宝宝。所以，不要随意接近或追捕动物。

● 记得做记录

把“失物”本身和发现“失物”的地点都记录下来吧。如果只靠一件“失物”判断不出它的“失主”，可以结合周围环境，说不定就得出答案了。

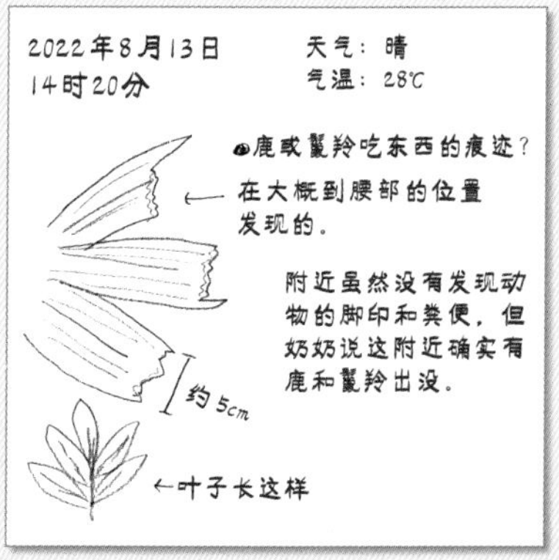

2022年8月13日
14时20分
天气：晴
气温：28℃
鹿或鬣羚吃东西的痕迹？
在大概到腰部的位置发现的。
附近虽然没有发现动物的脚印和粪便，但奶奶说这附近确实有鹿和鬣羚出没。
约5cm
←叶子长这样

把发现的“失物”画下来，做成观察笔记，记录发现的位置和“失物”的大小等信息。

索引

野生动物

相关术语

和实际一样大

好多动物脚印！

“脚印拓本”是指在动物的脚上涂上墨汁，再拓印在纸上的脚印形状。这里展示的是日本东京上野动物园前园长小宫辉之先生收集的脚印拓本。

一起来看看这套书里出现的各种动物的脚印拓本吧，和实际大小完全一样哦！

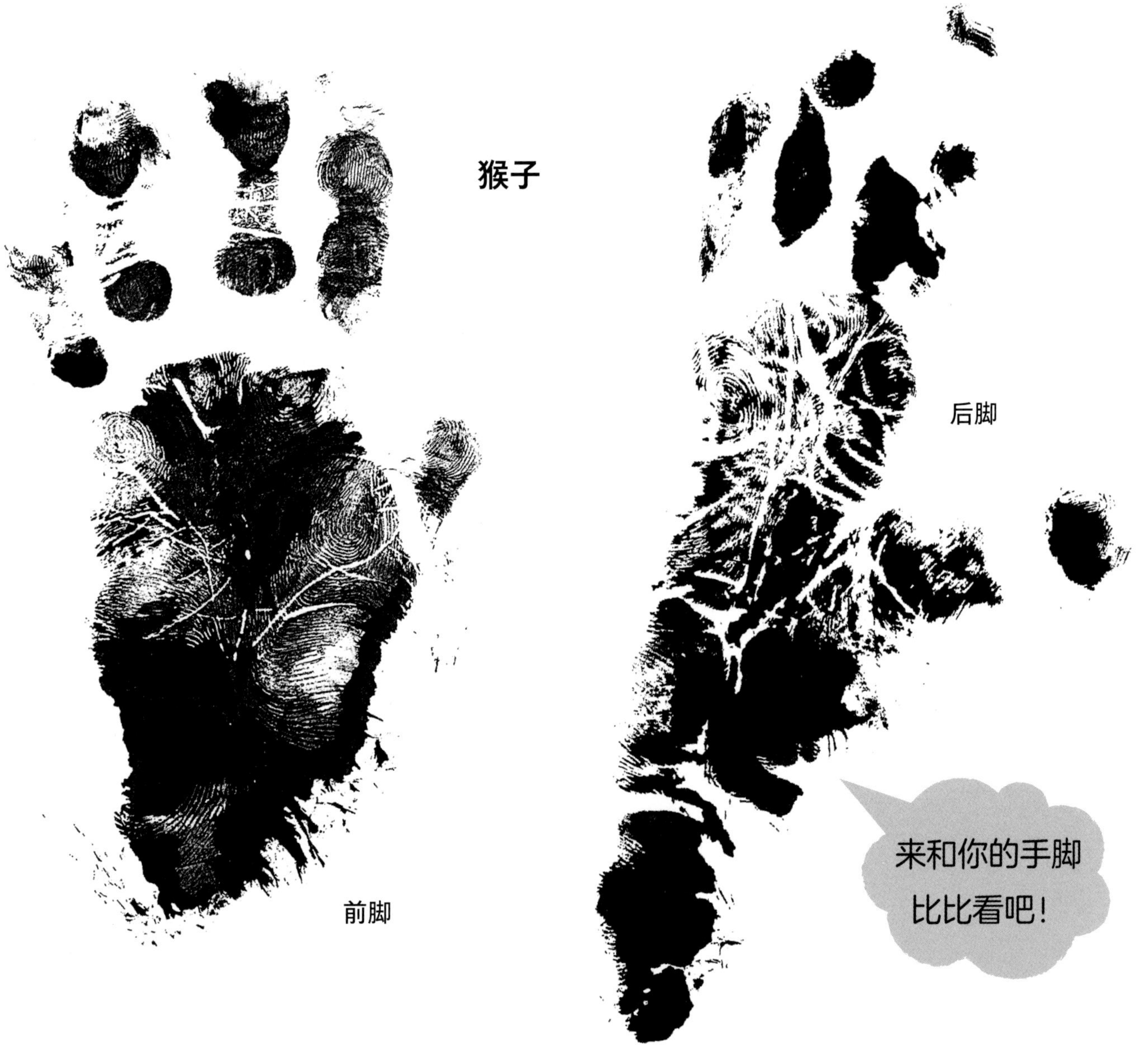

鼹鼠

前脚　　后脚

真是太小了！

巢鼠

前脚　　后脚

貉

前脚　　后脚

兔子

脚底也有毛。

前脚

后脚

黄鼬

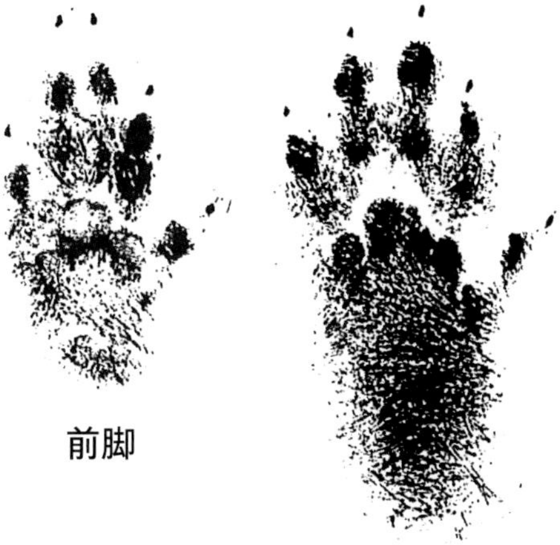

前脚　　后脚

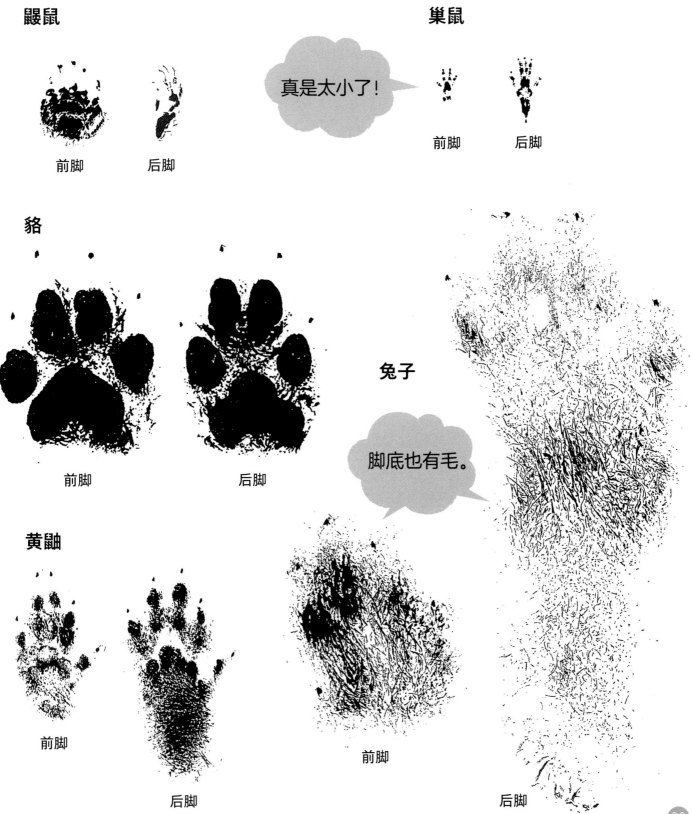

仅从脚印看，
也能感受到
它的凶猛呢！

乌鸦

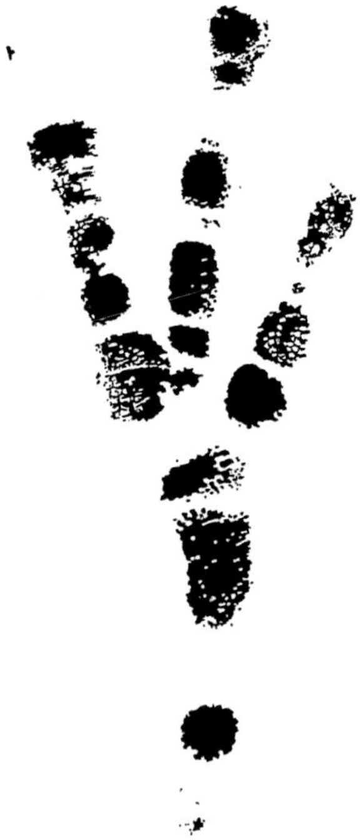

麻雀

熊

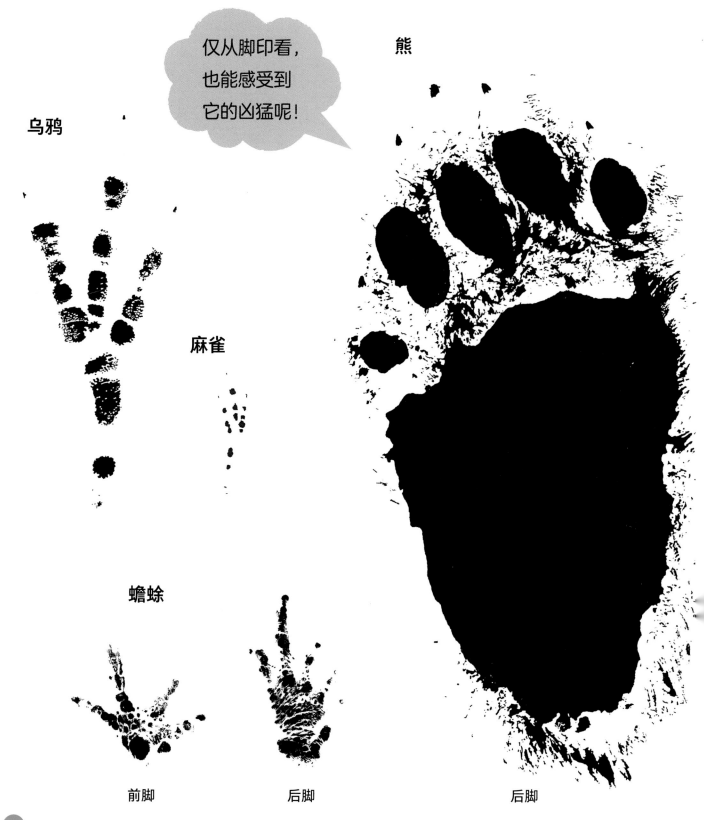

后脚

蟾蜍

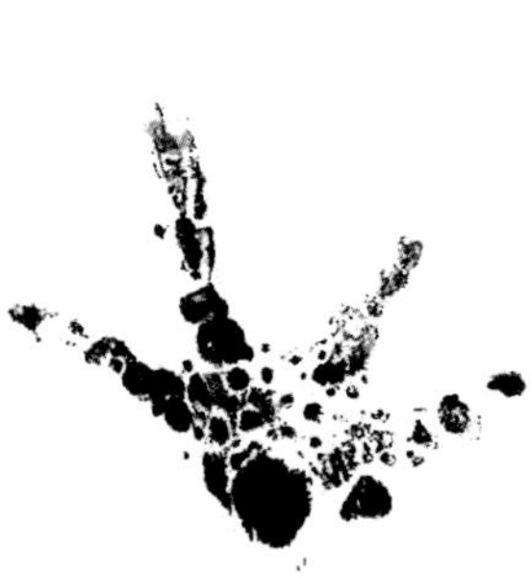

前脚

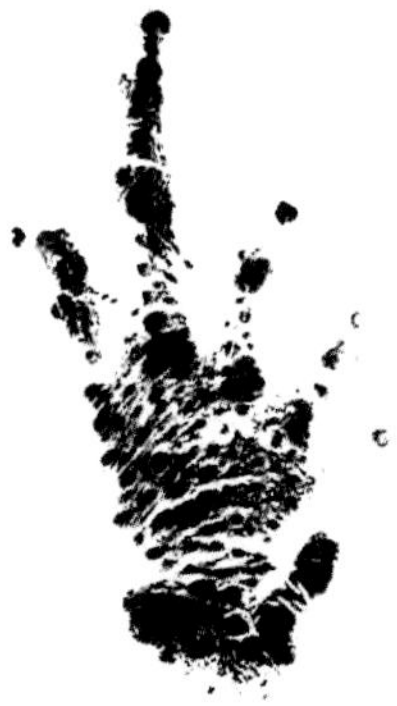

后脚

松鼠

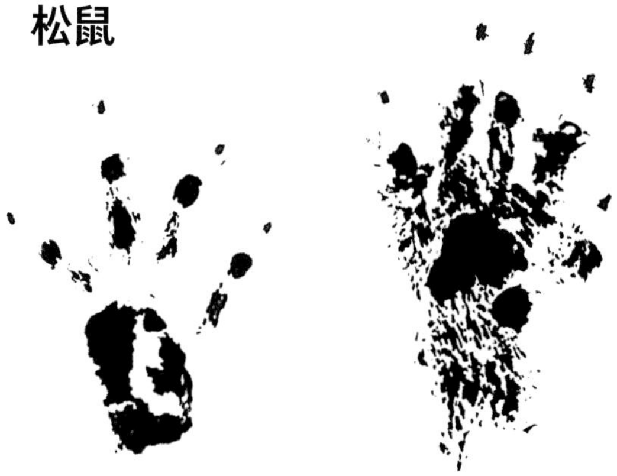

前脚　　后脚

前脚和后脚
的形状不一样。

蝙蝠

翅膀上有爪子！

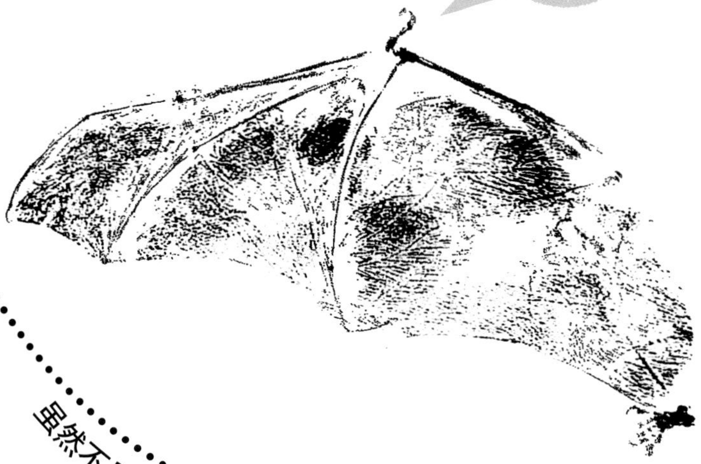

虽然不是脚印……

野猪

前脚

后脚

能看出
蹄子的形状。

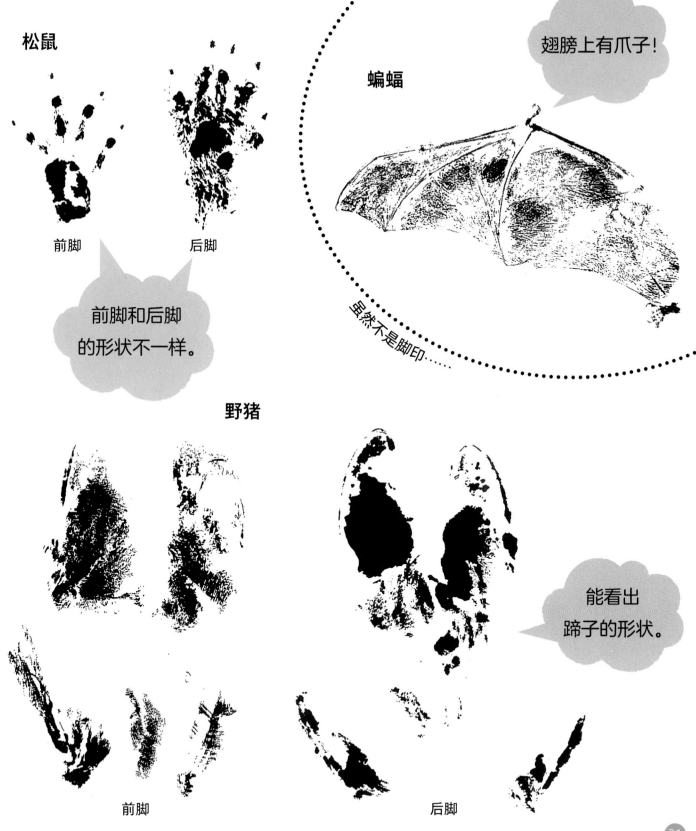

日本儿童俱乐部（中嶋舞子、原田莉佳、长江知子、矢野瑛子）/ 编

“儿童俱乐部”是日本“N&S策划编辑室”的昵称，致力于在游玩、教育和福利领域为儿童策划和编辑图书，每年策划和编辑图书100余种。主要作品有《感官训练游戏》（全5册）、《海洋完全大研究》（全5册）等。

小宫辉之 / 审校

日本动物科普专家，1972年起先后担任多摩动物园饲养科科长、上野动物园饲养科科长，并在2004—2011年担任了上野动物园的园长。

著有《日本的野鸟》《实物等大·手印脚印图鉴》《比比看：哺乳动物的不同》等作品。兴趣是收集动物的脚印拓本，已经坚持多年。右图中，小宫辉之正在拓印非洲象的脚印。

何鑫 / 审校

生态学博士、上海自然博物馆副研究员、上海市优秀科普作家，主要从事动物生态学和保护动物学等领域的科研工作，撰写过数百篇与野生动物保护有关的科普作品，热衷于科普和环境教育活动。